跳舞的方

[英] 格里·贝利　[英] 费利西娅·劳 著

[英] 迈克·菲利普斯 绘　李耘 译

北京联合出版公司
Beijing United Publishing Co.,Ltd.

跟着雷奥学几何

雷奥生活在距今 30000 年前的旧石器时代，是当时最聪明的孩子。

高智商，创造力堪比达·芬奇，还远远、远远走在时代前沿……

这就是雷奥！

这是兔狲帕拉斯——雷奥的宠物。

帕拉斯是野生猫类，说他是旧石器时代的也没错，他的祖先可以追溯到好几百万年前，可比雷奥的祖先出现得早多了！现在已经很少能看到兔狲了，除非你去西伯利亚北部（俄罗斯的最北边）冰冻、寒冷的荒原。

在俄罗斯北部偏僻的高原地带仍然可以看到兔狲。

目录

相等的边

雷奥和帕拉斯在军训。

"看我！"雷奥说，"我能走出一个完美的正方形。"

"喏，我先朝这个方向走，然后转身，再朝这个方向走。现在，我再转身，朝着这个方向走，再……"

"你再转身，就回到你出发的地方了。"帕拉斯表示他懂了。

"太棒了！"雷奥说，"现在该你了，四步，很简单。"

不过帕拉斯根本不用动就能弄出一个正方形，他有四条腿，每个角上站一条腿就可以了。

"你永远也成不了一个士兵！"雷奥说。

正方形

正方形是一种二维图形，也就是说它有长和宽。

正方形有四条长度相等的边，也就是说它的长和宽相等。

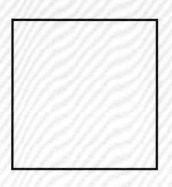

在数学上，我们用图中这样的符号表示相邻两边长度相等。

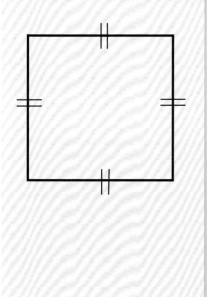

龟甲阵

罗马士兵列队前行时，会把盾牌摆成龟壳的形状。这种阵形能保护他们免受城墙上敌方射的箭和投掷物的伤害。

罗马士兵排成龟甲阵向前行进。

孩子们坐在正方形的桌子前，分享同等的空间。

在拐角处

"你在干吗？"帕拉斯问，"为什么拿来这么多工具？"

"我们要种东西，"雷奥说，"挖坑，插上杆子，播种，然后等植物长起来。"

"我们？"帕拉斯说，"猫可不种东西。"

"但我需要你的帮忙，"雷奥说，"你要从上面把这些杆子连起来，这样植物可以沿杆向上攀缘，再向两边长。"

"所以，如果你能爬上去，就可以用绳子把杆子绑住。"

"只是绑杆子吗？"帕拉斯说，"不用挖坑，不用插杆，不用播种，只把杆子绑起来？"

"得绑紧了，"雷奥说，"你得保证竖着的杆子是垂直于地面的，跟上面的横杆成直角。"

"要不这样吧，"帕拉斯说，"你种你的东西……我就安静地在这儿躺着，等植物长起来。"

正方形

正方形有四个角，每个角的大小相等。

正方形相邻两边形成的角是直角。角的大小用度表示，也写作"。"。

直角是90°。

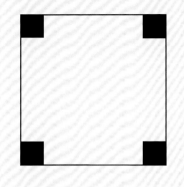

建筑工人用角尺来测量90°的角。

这个框架有四个90°的角。

小树枝向与主干呈90°角的方向生长。

人们用这样的架子来培育葡萄，这样果实得到的阳光更多，更容易成熟。

网格

"你站到马路中间了，"雷奥说，"我要是你的话，就会小心点儿。"

"马路？"帕拉斯说，"哪里有路啊？"

"嗯，现在还没有，"雷奥说，"但很快就会有了，这是我的城市规划。"

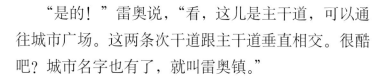

"城市？"帕拉斯问道，"你要建一座城市？"

"是的！"雷奥说，"看，这儿是主干道，可以通往城市广场。这两条次干道跟主干道垂直相交。很酷吧？城市名字也有了，就叫雷奥镇。"

帕拉斯佩服至极。

"广场就叫帕拉斯广场，"雷奥说，"用你的名字命名。"

帕拉斯佩服得五体投地。"那我们就出名啦，"他说，"将来住在这儿的每个人都知道咱们。"

"啊！"雷奥感叹道，"人！人的事情可能有点儿麻烦……"

网格

网格由一系列相交的线条组成，线条相交形成的角都是直角，即 90°的角。

网格可以用于地图规划，以及几何和其他数学领域。

坐标

坐标是一对数字，用于确定网格上某个点的位置。当你想定位某一点时，你需要分别读取这一点对应的网格底部横行和边缘竖行上标注的数字，这一对数字便是该点的坐标。

地图上的网格让我们更容易地找到某个地方。

田地通常被划分成网格状。

城市道路也被规划为网格系统。

9

在广场上

"太棒了！"帕拉斯说，"一个以我的名字命名的广场——帕拉斯广场。"

"它将是城市的中心，道路都汇集于此。人们在阳光下散步，或是停下来聊天。猫在这里将大受欢迎。"

"广场中间可以建一座喷泉，四个角上各立一座雕像，都是我的雕像。"

"每周，人们都会聚集在广场上买卖东西。"

"是的，帕拉斯广场将会是城里最热闹的地方。"

摩洛哥的德吉玛广场上，每晚都有说书人、魔术师、耍蛇人和小摊贩聚集于此。

布鲁塞尔大广场是比利时布鲁塞尔的中心广场，隔年的八月，广场上就会铺起巨大的"鲜花地毯"。

特拉法加广场是英国伦敦著名的广场。

纽约著名的时代广场到处是荧光屏、广告牌和霓虹灯。

这个近乎正方形的广场位于捷克共和国的布杰约维采市。

中国北京的天安门广场

11

幻方

雷奥忙着摆弄他的数字。他太沉浸其中，都没注意帕拉斯也在忙着摆弄骨头。

雷奥得解决一个难题：把 9 个数字放进方格中，使得这些数字不管是横着、竖着还是斜着相加，和都是 15。

帕拉斯要解决骨头的问题。他有 45 根骨头，是未来 9 天的食物。按照他的计划，他每天吃的骨头数目都不能一样。他如果有一天多吃了，第二天就得少吃。而且，不管每天吃几根，他每三天吃的总数不能超过 15 根。

最后他们都找到了答案。

而且看起来，他们的答案是一样的。

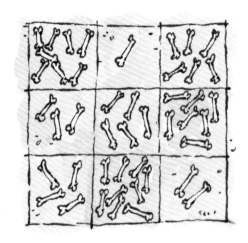

数独是一种数字游戏，将数字填在方格中，使每一行、每一列、每一个粗线宫内的数字均含 1 ~ 9，且不重复。

洛书

洛书是中国古代流传下来的一幅神秘图案。它包括由点构成的 1 ~ 9 共 9 个自然数，其中，偶数由黑点构成，奇数由白点构成，其中纵、横、斜线上的数字之和皆为 15，十分奇妙。

相传大禹时，洛阳西洛宁县洛河中浮出神龟，背驮"洛书"，献给大禹，大禹在洛书的启发下治水成功。这只是关于洛书来源的其中一种说法。洛书的魅力吸引了许多学者对洛书进行长期的研究，其奇妙结构和无穷变化令中外数学家叹服。

可以说，幻方起源于中国。

黄河神龟

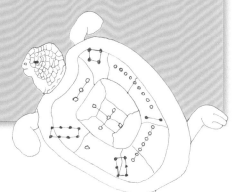

8	1	6
3	5	7
4	9	2

幻方

从 1 到 9 的每一个数字在幻方中只出现一次。

每行、每列、每条对角线上的数字和都一样。

在墙上

"是时候了，"雷奥说，"我们要办一个艺术展。"

"天哪！"帕拉斯说，"山洞里办艺术展？你打算展出点儿什么啊？"

"这些啊，"雷奥用手扫过墙壁，"不过这些画就像小孩儿的涂鸦，我得让它们看起来有条理一点儿。"

"人们会愿意花钱看这些东西吗？"帕拉斯问，"我的意思是说，猫画得都比这些强。"

"这是**艺术**，"雷奥说，"我们只要让它们看起来像艺术品，那就行了。"

他们做到了！

14

精致的图画往往被镶在
简约而优雅的画框中。

长方形

"你怎么了？"雷奥问。

"我想要张新床，"帕拉斯说，"我现在的床高低不平，也不够大。"

"那是因为你一直在长，"雷奥说，"越长越胖。你骨头吃得太多了。"

雷奥建议他买个吊床，或者床垫，或者睡袋，放在山洞里。"买个简单点儿的。"他说。

但帕拉斯想要张真正的床。

单人床，双人床，或者豪华床！

或者一张巨大的有四根柱子的床，上面有金子做的顶球。

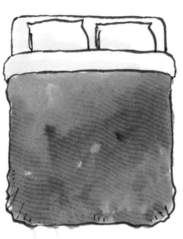

长方形

长方形跟正方形一样，也有四条边，但不同的是，长方形的四条边不都是一样长的。

长方形相对的两条边是平行的，长度也相等。

长方形的四个角都是直角（90°）。

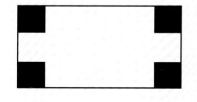

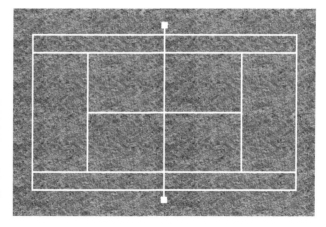

网球场的形状是个长方形，整个场地也被不同的标线划分成几个小的长方形。

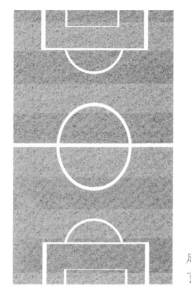

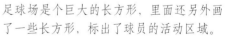

足球场是个巨大的长方形，里面还另外画了一些长方形，标出了球员的活动区域。

标准的足球场长 90～120 米，宽 45～90 米。

平行四边形

雷奥要在小溪上修建一座桥。
他需要很多又大又平的正方形石板。
真是一项累人的工作啊！

他把石板堆在水里，使它们高出水面，边缘笔直对齐。
真是一项又累又湿漉漉的工作啊！

现在他需要很多更大更平的石板来做桥面。
真是一项又累又湿漉漉又繁重的工作啊！

他还需要杆子来做扶手。这些扶手必须排列好，两边也要完全平行。
真是一项艰巨的工作啊！

帕拉斯知道他该帮忙，但他还是选择了睡觉！

索桥

　　用绳子或藤蔓做成的桥可能是人类发明得最早的桥了。有的索桥的通道就是一根绳子，也有的是一块窄窄的木板。

　　索桥需要用绳子做扶手，防止行人在索桥晃动的时候摔下去。扶手上增加一些绳子，将绳子编成网状，会更加安全。

平行四边形

　　两组对边分别平行的四边形是平行四边形。

　　平行的边长度相等。

　　平行的边永不相交。

正方形是一种
平行四边形。

长方形是一种
平行四边形。

这样的形状叫作菱形，也是平行四边形的一种。

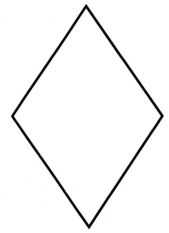

镶嵌

"这不合适，"雷奥说，"来，我再说一遍。你要找一块形状跟这块正好吻合的石块，两者之间不能有重叠，也不能有空隙，知道吗？"

"然后再找一块跟那块形状吻合的。就这样，一块一块地拼下去。"

雷奥干得不错，差不多把山洞前院子里的石头路都铺好了。
他把石头嵌得很好，看起来很漂亮。
真是一件艺术品！

帕拉斯在帮忙，不过他找的石块根本接不上。

这个面不合适！
那个角不合适！
这条边不合适！

帕拉斯铺了一条疯狂的石头路——也是一种艺术！

镶嵌

镶嵌的意思是同一种形状紧紧挨在一起，形状之间没有重叠，也没有空隙。而且，形状相接处的各个点看起来总是一样的。

比如，这些形状就可以做到。

用正方形镶嵌成的图形

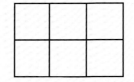

用正三角形镶嵌成的图形

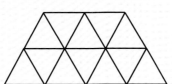

用正六边形镶嵌成的图形

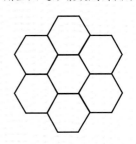

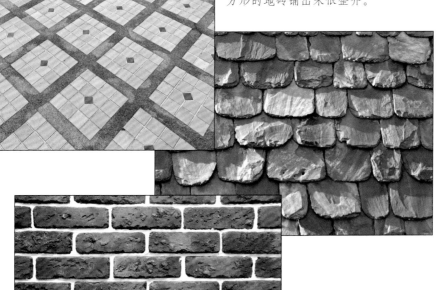

人们用镶嵌的方法来铺地，正方形的地砖铺出来很整齐。

屋顶的瓦片也可以拼在一起，但它们之间有重叠，所以不是镶嵌。

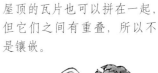

砖块层层镶嵌，组成了一面坚固的墙。

21

马赛克

"别碰！"雷奥说，"你在干吗？"

帕拉斯在挠墙，他已经把一块红石头给抠下来了，正在努力地抠其他的石头。

"帕拉斯！"雷奥嘘他，"别碰！你把马赛克弄坏了。"

雷奥看看四周，附近有一个保安，他本应该制止游客破坏马赛克，不过他好像睡着了。

"它松了，"帕拉斯说，"我就是收拾收拾。"

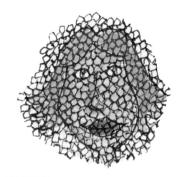

"走啦。"雷奥说。

"等一下，"帕拉斯说，"我想要一块蓝色的。"

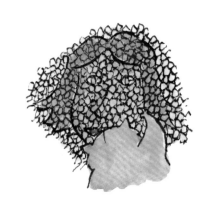

"快走吧！"雷奥说。不过帕拉斯好像还想要一块黄色的。

"好了，"帕拉斯说，"现在马赛克都找齐了，我要拼一个自己的马赛克作品。"

但是雷奥还是让他把那些都放回去！他只能照做！

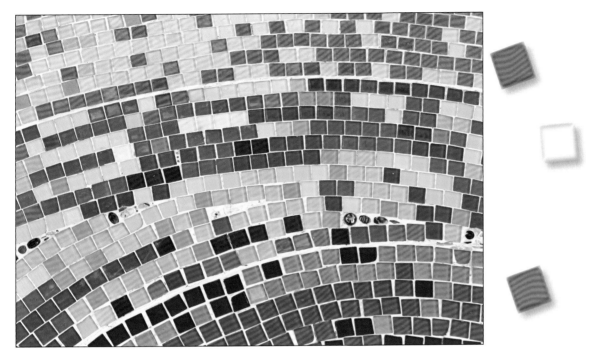

马赛克是用类似小瓦块的彩色石头做成的。
它们被用来拼图案，就像画画一样。

罗马马赛克

　　古代罗马人用马赛克来装饰房子和神殿。他们将这种彩色的小石头拼成各种式样的图案。他们拼的图案有动物、罗马天神、人物以及其他一些简单好看的图形。一个图案有时甚至用到成千上万块彩色小石头。

　　有些马赛克作品在几百年后被考古学家发掘出来。

马赛克可以用来拼人物像，也可以用来拼一些图案或风景。

方块舞

"戴上这个！"雷奥说，"再系上这个！"

他把帽子扣在帕拉斯头上，还在他腰上系了一条花边围裙。

"好了，"他说，"我们去跳舞吧！"

"去干吗？"帕拉斯尖叫起来，"猫不跳舞！"

"我知道，"雷奥说，"但你得帮帮我。要有四对搭档才能跳方块舞，四对搭档站成一个方形，一边站一对。你跟我是第一对。"

"但你还缺三对啊！"帕拉斯说。

"对，"雷奥说，"我们来回多跳几次，没人会注意的。"

"首先，"雷奥说，"我们跳到对面，然后转圈，再跳回来。这就是第一对舞者要做的。"

"这就完了？"帕拉斯问，"这就是方块舞？"

"没呢，"雷奥说，"现在我们要换到另一边，跳第二对的舞……"

"等等……"帕拉斯说，"我想我们还是再找几个跳舞的吧……"

分割正方形

正方形的对角线是从一个角到它对面的角的连线。正方形有两条对角线。

正方形的两条对角线一样长。

两条对角线相交的地方就是正方形的中心。

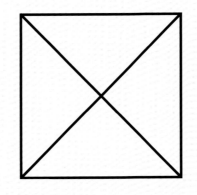

对角线把正方形分成四个相同的三角形。

你也可以用两条穿过正方形中心且相互垂直的线来分割正方形。这两条线在正方形内部呈一个"十"字，把正方形分成四个相同的正方形。

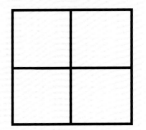

英国国旗

英国国旗也被称为米字旗，是由英格兰、苏格兰和北爱尔兰的三种旗帜重叠而成的。

方块舞

方块舞是一种有四对舞者参与的民间舞蹈。四对舞者站成一个正方形，一边一对。面对面的第一对和第三对是领舞者，第二对和第四对紧随其后。

传统的方块舞有大概十到三十个舞步，由一位"指挥"喊出动作指令，大家随着音乐舞蹈。

很多舞蹈都采用正方形的队形，比如图中的蒙古舞。

风筝

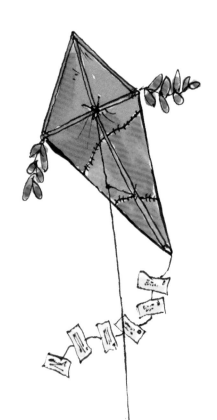

雷奥要写封信。
帕拉斯想知道他要写给谁。
但是雷奥不说。
"你有女朋友了？"帕拉斯问。
雷奥还是不说。

"我要把信绑在这个风筝上，然后把它放得高高的，人们在很远的地方都能看到。"雷奥说。

"每个人都能看到？"帕拉斯问。

"不，"雷奥说，"它是用代码写的。"

"当然了！"帕拉斯说，"我就知道！"
他知道雷奥有多聪明。

但是他希望自己也能读懂那个信息，他很想知道雷奥到底有没有女朋友！

风筝

早期的风筝并不是用来娱乐的，而是用于军事目的。有的风筝非常大，能把人带到空中去侦查敌人的行动，有的则用来在敌营中散发传单。

在日本，人们喜欢这种拖着长尾巴的彩色风筝。

风筝

风筝有两组相等的边。

两组边相交形成的两个角大小相同。

两条对角线相交成直角，其中一条把另一条一分为二。

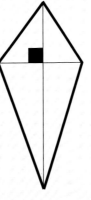

菱形

"你老在忙着做东西，"帕拉斯说，"为什么不给自己放个假？"

"好主意！"雷奥说，"我们去钓鱼吧。"

"那得有条船吧？"帕拉斯问。

"对，"雷奥说，"我们造一条。"

"还得有船桨吧？"帕拉斯问。

"对，"雷奥说，"我们做一对。"

"还得有鱼叉吧？"帕拉斯问。

"对，"雷奥说，"我们把一块火石打磨锋利，自己做一个。来吧，我们要干的活儿很多。"

"这样吧，"帕拉斯说，"我直接去买条鱼好了。"

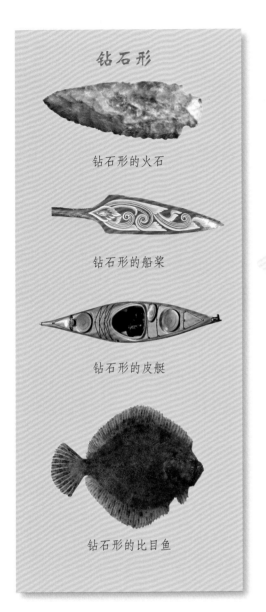

钻石形

钻石形的火石

钻石形的船桨

钻石形的皮艇

钻石形的比目鱼

钻石

扑克牌中也有钻石形。

响尾蛇身上的钻石形斑纹能让自己融入环境中，不易被敌人或是自己的猎物察觉。

菱形

菱形是一种四边形，四条边的长度相等。相对的两条边平行，相对的两个角大小一样。

两条对角线互相平分，相交所成的角为直角。

菱形常被称为钻石形。

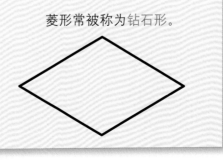

游戏

艺术家很喜欢方块。看看这些作品，你会发现方块在每一幅画作中都扮演了重要的角色。

正方形是一种很规则的形状，每一个角都是直角。在很多建筑物、玩具和设备零件中都可以看到这种形状。在游戏或运动中，正方形也常被用来分割区域。

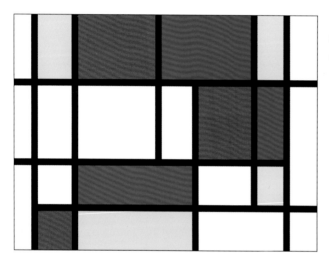

荷兰画家蒙德里安常常使用方块作画。

保罗·克利用带三角顶的方块图形来表现建筑。

欧普艺术也被称为光效应艺术，是一种利用视觉上的错视进行创作的视觉艺术。图中的这个球体是由方块组成的。

跨栏运动要求运动员迅速跨过方形栏架。

跳房子游戏是一种按一定规则在地上的方格间跳跃的游戏。

爬梯上的绳子结成方形。

国际象棋是一种在方块间移动黑色和白色棋子的游戏。

术语

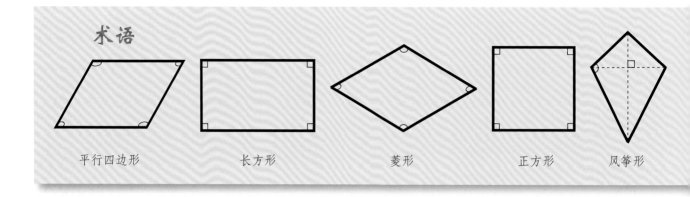

平行四边形　　　长方形　　　菱形　　　正方形　　风筝形

索引